OBSERVATIONS

SUR

LES DE'COUVERTES

DE L'AMIRAL *DE LA FUENTE.*

LE Mémoire sur les nouvelles découvertes au nord de la mer du Sud, qui fut lû par M. Delisle à l'Assemblée publique de Pâques 1750, & qui contient la lettre écrite par l'Amiral Barthelemi de la Fuente, étoit assez important par son sujet pour attirer l'attention du public & mériter son suffrage.

Le vuide immense qui se trouve depuis la baye d'Hudson jusqu'à l'Asie, & qui a plus de 60 degrés en longitude, & 35 en latitude, sembloit devoir être rempli par des terres assez voisines de notre continent pour prouver la communication qu'ont pû avoir avec l'Amérique les peuples Asiatiques que l'on prétend y avoir porté les premieres Colonies.

Je partageois avec le public le plaisir que devoient causer de pareilles découvertes ; mais réflechissant sur la lecture que j'en avois entendue, il commença à s'élever dans mon esprit des doutes touchant la réalité de la relation de l'Amiral de la Fuente. Ce n'est pas que suivant l'exemple de Strabon je voulusse soutenir l'impossibilité de trouver des terres habitables dans un climat pareil à celui sous lequel Pytheas avoit poussé sa navigation. Eloigné d'une semblable prévention, je désirois seulement que le voyage de l'Amiral de la Fuente fut aussi réel que ceux de notre navigateur & astronome de Marseille.

Quoique nous soyons redevables à la navigation du Capitaine Beerings de la découverte des pays les plus orientaux de l'Asie, dont on voit les côtes tant orientales que septentrionales baignées par la mer, il paroît qu'il y a plus de 150 ans que les Géographes avoient déja quelque connoissance de la séparation réelle qui se trouve entre l'Asie & l'Amérique. En jettant la vûe sur la Mappemonde de Linschot & sur la réduite de Pierre Kerius Flamand, publiée en 1609, on y trouvera la côte de la Californie poussée au nord-ouest jusqu'au cercle polaire, & la distance de l'extrémité de cette côte jusqu'au continent de l'Afie, nommée le détroit d'*Anian*, ne contenir dans fa plus petite largeur que trois degrés de l'équateur, ou foixante lieues au plus. La côte feptentriônale de l'Afie fe trouve auffi dans cette carte, áffez conforme pour fa pofition de latitude à celle que nous donne la nouvelle carte de Ruffie, c'eft-à-dire, au-delà du foixante-dixiéme paralléle.

Ces connoiffances que l'on avoit dans ce tems-là, vérifiées & corrigées par les navigations réiterées que l'on a faites dans ces parties, étoient un prétexte affez puiffant pour me faire croire l'exiftence de quelques terres dans ce que l'on a cru depuis être mer ; mais elles ne pouvoient pas contrebalancer les motifs qui m'engageoient à douter de la réalité des découvertes de l'Amiral de Fuente.

Premierement, le long efpace de tems qui s'étoit écoulé depuis 1640 où elles ont été faites, jufqu'à 1750 qu'elles ont été publiées, forme un intervalle de 110 ans, pendant lefquels des Puiffances recommandables par le commerce maritime avoient gardé un profond filence. Je ne pouvois m'imaginer que les Efpagnols euffent été fi long-tems fans prendre connoiffance de ces découvertes importantes, qui, faites par leur ordre, en leur nom, & contiguës à leurs poſſeſſions, leur aſſuroient celle de tout l'occident de l'Amérique ſeptentrionale. Comment les Anglois & les Hollandois ſi opiniâ-trement attachés à la recherche du paſ-ſage par le nord n'ont-ils encore rien ap-perçu qui pût leur faire préſentir l'exiſten-ce de ces nouvelles terres, les Anglois ſur-tout qui paroiſſent, ſelon M. Deliſle, être les premiers éditeurs de la relation dont il s'agit ? Comment enfin le ſilence a-t-il pû être ſi profond pour que les François n'ayent pas plus avancé par les terres vers l'oueſt pour y étendre leur domination lors de la découverte de la Louiſiane ? Si ces terres exiſtent & ont été réellement découvertes par les Eſpa-gnols, il faut pour autoriſer un pareil ſilence que, faute d'avoir pû trouver ce paſſage ſi long-tems cherché, le gouver-nement Eſpagnol les ait regardé comme un pays ingrat de ſa nature, & qui devoit leur cauſer plus de dépenſes qu'il ne leur procureroit d'avantages.

2°. Le peu de tems qui fut employé à la découverte d'une ſi grande étendue de terre, contribua beaucoup à fortifier mes doutes ſur l'autenticité de la rela-tion. A en juger par les circonſtances par-ticulieres des faits qui s'y trouvent, il ſembleroit qu'il ne reſte plus rien à déſirer pour la certitude de cet événement ; mais en suivant l'Amiral de la Fuente, dans sa route, on trouvera des contradictions qui feront voir que ces particularités ne servent qu'à donner le change, & qu'il faut que le traducteur Anglois n'ait point entendu certains endroits de la relation, & qu'il y ait suppléé par son imagination.

Le 3 Avril 1640 l'Amiral de la Fuente monte le vaisseau le S. Esprit ; il étoit accompagné du Vice-Amiral D. Diego-Penelossa dans le vaisseau le S. Louis, de Petro-Bernardo dans le vaisseau le Rosaire, & de Philippe Ronquillo dans le Royal Philippe. Ils partent ensemble du *Callao de Lima*, & arrivent le 7 à la hauteur de sainte Helene. Le 10 ils passent la ligne équinoxiale à la vûe du cap *del Passao*, le 11 ils doublent celui de *saint François* à 1 degré 7 min. de latitude septentrionale, & jettent l'ancre à l'embouchure de la riviere *S. Jago*. Le 16 ils font voile de cette riviere à la ville de *Realeo* environ à 11 deg. 14 min. de latitude boréale. Le 26 partis de cette ville pour le port de *Saragua*, ils passent au-delà des isles & basfonds de *Chamilly* situé sous 17 degrés 31 min. Après un séjour employé à engager un maître & six matelots qui faisoient le trafic des perles avec les naturels du pays à l'est de la Californie, l'Amiral ne fait voile de *Saragua* que le 10 Mai ; il atteint la hauteur du cap *Abel* fur la côte oueft fud-oueft de la Californie à 20 degrés de latitude, & du 26 Mai jufqu'au 14 Juin, ils arrivent à la riviere de *Rio-los-Reyes* fous la latitude de 53 degrés, après avoir parcouru l'efpace de 866 lieues depuis le port *Abel*.

Nous voici arrivés au commencement des nouvelles découvertes de l'Amiral Efpagnol, qui prennent naiffance au détroit de *Fuca*, que M. Delifle dit avoir communication avec une grande mer appellée Baye de *l'oueft*. Je ne m'arrêterai pas à prouver que cette efpéce de mer ou baye eft fort problématique, & qu'il eft furprenant que depuis 1717 on ne faffe que commencer à en avoir connoiffance ; ce point eft étranger au projet que j'ai conçu d'examiner la relation Efpagnole ; mais avant que de pourfuivre plus loin, l'on me permettra de faire remarquer une erreur qui s'eft gliffée dans les traductions ou Angloife, ou Françoife, & peut-être dans l'original, au fujet de la pofition du cap *Abel* fitué fur la côte de la Californie à 20 degrés ; il me femble qu'il faudroit fubftituer 25 au lieu de 20 ; dans ce cas le cap *Abel* fe trouveroit à la Baye *faint Martin*, ce qui cadreroit affez bien avec la diftance de 410 lieues qui de-là eft in-

diquée au *cap Blanc*. L'on ne peut paſ-
ſer par deſſus cette remarque, pour peu
qu'on faſſe attention que la Californie
commence ſous le tropique de Cancer à
23 degrés & demi.

Je reviens à la route de l'Amiral qui tra-
verſe l'eſpace de 260 lieues dans les ca-
naux ſerpentans des iſles de l'Archipel
S. Lazare, qu'il nomme ainſi, en ayant
fait le premier la découverte. Les cha-
loupes le précédent d'un mille pour ſon-
der & connoître les ſables & les rochers.
Huit jours ſuffiſent à cet Amiral pour ſe
frayer une route dans cet Archipel inconnu. Heureux dans le commencement de
cette expédition, il joint l'exactitude à la di-
ligence; en vain voudroit-on objecter la dif-
ficulté du paſſage de Magellan pour infirmer celui de cet Archipel ? La fortune eſt
capricieuſe, & accorde ſes faveurs à qui
il lui plaît.

Le 22 Juin l'Amiral depêche un de ſes
Capitaines à Petro Bernardo, pour lui
donner ordre de remonter une belle riviere, (nommée dans la carte *Haro*)
dont le courant eſt doux & l'eau profonde.
Le Capitaine entre par cette riviere dans
un lac nommé *Valaſco*, dans lequel il
fait voile 140 lieues à l'oueſt, & enſuite
436 à l'eſt nord-eſt juſqu'à 77 degrés de
latitude, faiſant dans ſa route des obſer-

vations sur les poissons qu'on y trouve en abondance, tels que des saumons, des truites & des perches blanches. Cependant l'Amiral de la Fuente fait voile dans le *Rio-los-Reyes*, riviere fort navigable. L'observation qu'il a faite du flux & reflux de la mer dans le tems de pleine & nouvelle lune, & la compagnie de deux Jésuites, dont l'un avoit accompagné Bernardo, font des circonstances qui paroissent insérées ici pour donner plus d'autorité à la relation ; car il faut remarquer que le peu de tems, sçavoir, depuis le 22 Juin que Fuente avoit dépêché Petro Bernardo, jusqu'au premier Juillet qu'il avoit laissé le reste de ses vaisseaux dans le lac *Belle*, ne paroît pas suffisant pour prouver la vérité de l'observation du flux & reflux. Mais quoi qu'il en soit l'Amiral fait voile le premier Juillet dans la riviere de *Parmentier*, sans doute après avoir passé par terre l'espace de la grande cataracte qui traverse le lac *Belle* * ; il rencontre dans cette riviere huit cataractes de 32 pieds de hauteur perpendiculaire, & arrive

* L'on doit regarder ce lac *Belle* comme une merveille de la nature, on n'en a pas encore rencontré de pareilles dans les recherches de la Géographie Physique. Il fournit des eaux abondamment à deux rivieres opposées dans leurs cours, (le Rio-los-Reyes & le Parmentier) quoiqu'il soit traversé

malgré ces inconvéniens le 6 Juillet dans un grand lac auquel il donne son nom. Sa longueur & sa largeur, de même que sa profondeur en brasses ne font pas oubliées, & 8 jours lui suffisent pour observer ce que l'histoire naturelle a de plus curieux & de plus important, comme les animaux & les productions des isles qui s'y trouvent très grandes & en grande quantité. Le 14 Juillet il fait voile de la pointe est-nord-est de ce lac, & passant le détroit de *Ronquillo* qui a 34 lieues de longueur, il entre dans un lac de même nom, & après trois jours de route, il arrive enfin le 17 Juillet à une ville Indienne, où il apprend qu'à quelque distance de là il y avoit un vaisseau dans un endroit où jamais il n'en avoit paru jusqu'alors, & que ce vaisseau étoit de Boston. Cette ville est le terme des découvertes de l'Amiral de la Fuente, qui depuis le 3 Avril jusqu'au 17 Juillet, c'est-à-dire, dans l'espace de trois mois & demi, fait une expédition telle que l'on n'en avoit pas encore vû : mais ce qui en résulte, c'est qu'il n'y a pas de communication par cette

du sud au nord-ouest par une cataracte dont la chute se fait vers le sud. Comment concilier des effets si opposés entr'eux ? C'est aux naturalistes à démontrer la vérité, ou plutôt la possibilité d'un semblable phénomene.

route de la mer du Sud à la baye d'*Hud-fon*, ni à celle de *Baffins* par la route de Bernardo. Il y a une remarque très-bonne à faire fur le retour de cet Amiral ; c'eft que fans indiquer les endroits par lef-quels il avoit paffé pour revenir, il fe contente de dire qu'il fit voile le 2 Sep-tembre accompagné de quelques habitans de *Conaffet* ; que le 5 du même mois il jetta l'ancre entre le port *d'Arena* & *Minhaufet* dans la riviere *de los Reyes*, & qu'après avoir defcendu cette riviere, il fe trouva dans la partie nord-eft de la mer du Sud, & continua fa route pour retourner dans fon pays. Ce qui manque par confé-quent à cette relation, pour fervir à la con-firmer, c'eft fon arrivée à Lima, & le rap-port qu'il devoit faire de fon expédition au Vice-Roi qui l'avoit envoyé, & dont il ne dit point le nom.

Toutes ces obfervations étoient plus que fuffifantes pour me faire douter de l'autenticité d'une femblable découverte ; mais ce qui augmenta en troifiéme lieu mes doutes, ce fut le défaut de rapport que je remarquai entre la carte de Meffieurs Delifle & Buache préfentée au Roi à Compiegne dans le mois de Juillet 1752, & la relation qui fembloit devoir en être le fondement. Je n'entrerai à cet cet égard dans aucun détail ; je ne pourfois le faire fans fortir des bornes d'un mémoire ; je dois me réferver pour quelque chofe qui foit capable de démontrer le peu de fonds que l'on doit faire fur la relation Efpagnole. Je ne fuis pas le feul qui ait remarqué ce défaut dans la carte dont je parle, puifque le public a vû un avertiffement publié par M. Delifle dans la Gazette de Cologne vers le mois de Novembre, dans lequel cet Aftronome reconnoît que c'eft avec raifon que plufieurs perfonnes ont trouvé que les pays découverts par l'Amiral de Fonte n'étoient pas repréfentés fur cette carte conformément à fa relation, ce qui a pû provenir de ce que cette relation n'étoit pas affez détaillée & précife dans quelques endroits, ou des fautes qui fe font gliffées dans le texte & les différentes traductions & impreffions que l'on a de cette lettre. Ainfi, continue M. Delifle, M. Buache qui a dreffé, fur les premiers mémoires que je lui ai communiqués, la partie de cette carte qui concerne les découvertes de l'Amiral de Fonte eft excufable ; mais comme il n'y a fur cette carte que cette partie qui foit de lui, & que je fuis prêt de rectifier le refte, je me crois obligé d'avertir le public que j'ai fait regraver depuis deux mois cette partie intéreffante de ma carte, entiérement conforme à la relation de l'Amiral de Fonte, & que cette carte *sera mise inceſſamment au jour avec quelques autres, & d'amples explications qui leveront, à ce que je crois, toutes les difficultés ; c'eſt ce dont j'ai cru devoir avertir le public, en priant ceux qui prennent part aux découvertes que j'ai voulu annoncer, de ſuſpendre leur jugement juſqu'à la publication de mon nouvel ouvrage.*

Dès que je vis paroître cet avertiſſement, je ſouſcrivis au jugement de M. Deliſle, & j'ai trouvé en effet que ſa nouvelle carte qui parut dans le mois de Septembre ſuivant, étoit aſſez conforme à la relation, & qu'il ne lui manquoit que l'authenticité de la premiere, c'eſt-à-dire, d'avoir été publiée à une rentrée publique de l'Académie, & préſentée au Roi. Cependant je ne pouvois comprendre comment dans un eſpace de tems ſi court, ſçavoir, depuis le mois de Juillet juſqu'au mois de Septembre, l'Auteur avoit pû recouvrer quelque inſtruction ſuffiſante pour corriger la premiere, & rectifier la relation dont on n'a pû juſqu'à préſent découvrir l'original.

Je ne conteſte point dans ce mémoire les tentatives que les Ruſſes ont faites pour découvrir ce fameux paſſage du nord qui attire une attention ſinguliere de la part de pluſieurs Puiſſances maritimes. Les noms des Capitaines qui y ont été employés par les ordres du Czar & de l'Impératrice Anne , les observations astronomiques qu'ils ont faites pour fixer la situation des terres qu'ils ont découvertes , & le tems convenable qu'ils y ont mis font des motifs affez forts pour empêcher qu'on ne doute de leur réalité. La troifiéme & principale navigation des Ruffes a été celle du Capitaine Tchirikou qui pouffa les découvertes plus loin que l'on n'avoit fait jufqu'alors. Mais quand on compare l'efpace de mer parcouru par ce Capitaine , & déterminé par les obfervations aftronomiques de M. de lá Croyere , avec la navigation attribuée à l'Amiral de la Fuente , loin de pouvoir tirer de cette comparaifon un motif pour ajoûter foi à l'Amiral Efpagnol , il paroît au contraire qu'elle ne peut qu'infirmer davantage la découverte qu'on lui attribue. Tandis que le Capitaine Ruffe parti du port de *Kamtchatka* appellé *Avatcha* le 15 Juin 1741 , & revenu dans ce port à la fin du mois d'Octobre fuivant, n'a parcouru pendant l'efpace de quatre mois dans fa route & fon retour que la valeur de 140 degrés fous le cinquantiéme paralléle , c'eft-à-dire , d'environ 1800 lieues dans un climat auquel il devoit être habitué , croira-t-on que l'Amiral Efpagnol ait pû faire en cinq mois, le chemin depuis

Lima jufqu'au quatre-vingtiéme degré de latitude avec fon retour jufqu'au 55 paral-léle ? En effet, fuivant la relation, cet Amiral parcourt l'efpace de 900 lieues du fud au nord dans un climat inconnu, im-praticable par les cataractes & les dan-gers dont les rivieres font remplies, ce qui fait jufqu'au depart du port *d'Arena* pour revenir à *Lima*, une route totale de plus de 3500 lieues. Si l'on compare encore cette nouvelle navigation avec celle du tour du monde faite par Magel-lan en trente-fept mois, par Drak en trois ans, par Candifch en vingt-fept mois, & par Anfon en trois ans neuf mois, l'on verra par l'infpection du globe terreftre fi les tems employés par ces grands naviga-teurs & par notre Amiral Efpagnol fe trouvent proportionnés aux efpaces par-courus. En vain l'on voudroit étayer ces découvertes Efpagnoles par des connoif-fances que procure la lecture des livres Chinois; il femble qu'on devroit plutôt confirmer ces connoiffances, qui ne peu-vent être que conjecturales, par des dé-couvertes réelles & authentiques qui dé-terminaffent, à n'en pouvoir plus douter, le contour précis des côtes & leur fitua-tion refpective. Les cartes que j'ai vûes le 2 Mai de cette année à la rentrée publi-que de l'Académie, & pour lefquelles M.

Buache devoit lire un mémoire fervant à confirmer encore les découvertes Efpagnoles, ces cartes, dis-je, ne font point capables de diffiper mes doutes fur leur authenticité, je ne les confidere que comme des conféquences probables, que l'on devroit conclure des découvertes, en fuppofant toujours leur réalité.

Pour me convaincre entiérement fi mes doutes étoient fondés, j'avois déja conçu le deffein de m'inftruire par un moyen, fur le fuccès duquel je comptois beaucoup. Je profitai de l'occafion favorable que me procura un envoi de mes nouveaux globes à un Seigneur italien, qui a fixé fon féjour à Madrid, pour le prier de vouloir bien me procurer quelque décifion fûre au fujet de ces nouvelles découvertes. Voici la copie de la lettre que j'écrivis à ce Seigneur le 20 Février de cette année.

MONSIEUR,

Je profite de l'heureufe occafion que me procure cet envoi de mes nouveaux globes, pour vous prier de vouloir bien me donner quelque décifion fur une contestation qui s'eft élevée à Paris, & à laquelle une carte géographique des nouvelles découvertes au nord & à l'oueft de l'Amérique feptentrionale a donné lieu. Je ne fçai point, Monfieur, fi cette carte eft connue en Efpagne. Le Mémoire en a été lû à la rentrée publique d l'Académie Royale des Sciences en 1750, & la carte a été présentée au Roi dans le mois de Juillet 1752. L'approbation de l'Académie Royale des Sciences n'est fondée que sur l'autenticité supposée de la rélation de l'Amiral de Fonte ou de la Fuente, envoyé, dit-on, par le Viceroi de Lima en 1640 pour chercher s'il n'y auroit point une communication de la mer du Sud à la baye d'Hudson. Plusieurs Sçavans de Paris prétendent que cette rélation est chimérique, & même qu'il n'y a point eu d'Amiral de Fuente. Vous êtes en état, Monsieur, de m'instruire si cet Amiral a existé, s'il a été réellement envoyé pour faire ces découvertes, & si ces découvertes sont connues en Espagne. Une décision de votre part sur ces objets importans levera tous les doutes, & ne pourra que contribuer beaucoup au progrès de la Géographie. J'espere, Monsieur, que vous voudrez bien m'honorer d'une réponse précise sur ces demandes.

J'ai l'honneur, &c.

Ce Seigneur reçut ma lettre le 3 Mars suivant, & eut la bonté de m'envoyer des observations que j'ai reçues le 30 Avril dernier. Je serois répréhensible si je ne les communiquois à la Compagnie, pour lui laisser porter le jugement qu'elles méritent. J'aurois désiré qu'elles eussent été favorables aux nouvelles découvertes, ç'eût été un avantage réel pour la Géographie ; & je n'aurois pas manqué d'en faire usage sur les nouveaux globes que j'ai construits par ordre du Roi ; mais, ne pouvant pas changer la nature des faits, je me contente du bonheur que me procure cet événement, d'avoir procuré à la Compagnie des moyens capables de fixer les doutes qu'elle avoit conçus sur l'objet dont il s'agit. C'est pourquoi je terminerai ce Mémoire par la traduction des observations que j'ai reçues de Madrid. Je prie la Compagnie de vouloir bien en insérer l'original dans ses Registres, pouvant faire un monument remarquable pour la Géographie. L'Académie me dispensera de dire le nom du Seigneur Italien de qui je les tiens ; les faits qui s'y trouvent détaillés, peuvent être vérifiés, & je suis en état de procurer les moyens convenables pour qu'on puisse s'en convaincre par soi-même.

Traduction des Observations envoyées de Madrid le 16 Avril 1753, & reçues le 30.

Le désir de satisfaire exactement & avec précision à la question de M. Vaugondy est cause que j'ai différé jusqu'à présent à communiquer les connoissances que l'on m'a demandées. J'ai moi-même été obligé de me servir d'autres personnes pour avoir des informations qui fussent sûres, & qui ne me laissassent aucun doute. Cette nécessité même étoit une nouvelle raison du retard ; mais j'espere que l'on en sera dédommagé, puisque je me flatte d'avoir réussi dans ma recherche.

Elle nous conduit à une condamnation entiere de tout ce que l'on dit du Capitaine Barthelemy de la Fuente. La relation publiée par les An-

glois est une pure imagination, toute cette histoire n'est qu'un roman ; & voici les raisons
qui doivent nous en convaincre entiérement.

En premier lieu, les Sçavans de cette Nation
conviennent qu'ils ignorent ce prétendu succès.
Ulloa, George Juan, Solano, Sobenbiella, qui
outre leur érudition ont eu pendant toute leur
vie une liaison continuelle avec les affaires de la
Marine & des Indes, sont les premiers à dire la
même chose. L'Avocat Riembault, le plus grand
historien de la Cour, & qui est mon ami, m'a
assuré que dans toutes les histoires d'Espagne il
ne se trouve pas un mot de ce voyage. Ce silence
général des Auteurs de la nation est incompatible
avec un fait qui n'auroit pas manqué de faire
grand bruit, s'il eût été réel.

2°. Il faut ajoûter à ceci, que les Espagnols
ont, avec un soin fort exact, conservé dans les
archives du Pérou la suite de tous les Vice-Rois &
la mémoire des choses importantes arrivées, pendant la vie de chacun d'eux. On en a publié la
liste dans l'ouvrage qu'Ulloa a mis au jour, & qui
a été dernierement traduit en Hollande. Un Leyra
fut Vice-Roi en 1640 ; cependant on n'a jamais
parlé, ni rien écrit de son expédition & du grand
dessein de découvrir des communications avec la
Chine. Il faut donc se faire violence pour se per-
suáder qu'il ait réussi.

3°. L'an 1750 M. Wal, Ministre de Sa Majesté
Catholique à Londres, fit la même recherche que
M. Vaugondy fait à présent. Il s'adressa à un Ministre du Roi ; & par ordre de Sa Majesté Catholique, on chercha en même-tems dans les archives du Conseil des Indes, s'il y avoit quelque rap-
port d'un cas pareil, on n'y trouva rien du tout ;
on pensa que les Mémoires pouvoient avoir été
mis dans l'archive générale du Royaume, qui est
celle de Simancas ; on y fit aussi toutes les re-

cherches poffibles , mais inutilement. Quand le Souverain même ne peut pas trouver la moindre preuve d'un point femblable , je crois que le cas eft défefpéré , & que par conféquent il n'y a rien de vrai de tout ce que l'Auteur de la rélation dit fur cet article. Le fait que j'avance eft conf- tant ; j'en fuis convaincu par les preuves les plus authentiques , puifque les perfonnes mêmes qui y ont eu part , & qu'il ne m'eft pas permis de nommer , me l'ont affuré. Je conclus donc pour moi, que ce voyage au nord & à l'eft de l'A- mérique feptentrionale n'a jamais eu lieu , & que par conféquent on n'a pû faire aucune décou- verte par ce moyen fuppofé. Un ami de Lifbonne me fit la femaine paffée la même queftion , je trouvai la chofe finguliere , je lui fis la même réponfe , mais moins étendue.

La carte de M. de Lifle n'eft pas encore ve- nue en Efpagne que je fçache. On en a pourtant eu quelque connoiffance , de même que de la fuf- dite queftion , par les Mémoires de Trévoux , que l'on traduit tous les mois en Efpagnol pour la commodité du public.

Les Peres de Trévoux parlent d'une maniere douteufe de cette expédition ; ils peuvent , felon moi , à préfent la nier hardiment.

Ce que je puis ajoûter , eft que les PP. Jéfuites ont demandé & obtenu du Roi un fecours d'hom- mes & d'argent , pour fuivre certaines découver- tes qu'ils ont commencées fur les côtes de la Californie ; nous verrons ce qui en arrivera. Je n'ai rien de plus à dire pour le préfent.

Extrait des Regiftres de l'Académie Royale des Sciences , du 24 Juillet 1753.

Nous Commiffaires nommés par l'Académie, avons examiné un Mémoire de Géographie , présenté par Monsieur *Robert de Vaugondy*, qui a pour titre : Observations sur les découvertes de l'Amiral *de la Fuente* au nord & à l'ouest de l'Amérique septentrionale.

L'Auteur commence par déclarer que le Mémoire qu'il a entendu lire à l'Assemblée publique de Pâques 1750, & qui contient la relation écrite par l'Amiral Barthelemy *de la Fuente*, lui a paru assez important pour attirer l'attention du public, & en mériter le suffrage ; qu'ensuite ayant examiné la chose attentivement, il est parvenu, aussi-tôt qu'il a été éclairci sur diverses questions que tout Géographe est en droit de faire, à former quelques doutes à ce sujet. Ceux que propose M. *Robert* sont assez précisément les mêmes que ceux qui ont été proposés par plusieurs Membres à l'Assemblée de l'Académie sur l'autenticité de cette relation.

Car l'Auteur expose pour premier motif de ses doutes le silence profond que l'on a gardé depuis 1640 jusqu'en ces derniers tems, ou plûtôt, comme on l'a prétendu, jusqu'au commencement de ce siécle-ci, sur ces découvertes vraies ou prétendues de l'Amiral Espagnol.

Le second motif est fondé sur le peu de tems que ce même Amiral a employé pour découvrir une si grande étendue de terre. L'examen que l'Auteur fait de cette navigation, le défaut de vraisemblance joints aux observations d'histoire naturelle circonstanciées que l'on y trouve, de même que la remarque d'un phénomène si extraordinaire & si difficile à croire d'un lac traversé par une cataracte, & donnant naissance à deux rivières dont le cours est opposé & la pente en direction contraire ; toutes ces difficultés que propose M. *Robert*, nous ont paru mériter quelque attention, & sont en effet de quelque poids.

Mais il y a un troisiéme motif encore plus

puiſſant, & qui a contribué le plus à fortifier l'Auteur dans l'opinion où il étoit de ne pas faire uſage de cette rélation, comme ne pouvant contribuer en aucune maniere à ſes recherches géographiques ; c'eſt le défaut de correſpondance qui ſe trouve entre la carte préſentée au Roi par M. Deliſle, & la rélation qui devoit en être le fondement, ce qui eſt difficile à concilier avec l'avertiſſement inſéré par M. Deliſle, ou du moins ſous ſon nom dans les nouvelles publiques.

Enfin l'Auteur, pour continuer d'approfondir les recherches géographiques, & dans le deſſein de perfectionner ſon globe terreſtre au nord de l'Amérique occidentale, s'eſt déterminé à écrire en Eſpagne pour ſçavoir ce que l'on penſoit à Madrid & à Cadiz ſur les découvertes de l'Amiral Eſpagnol ; l'Académie ayant auſſi paru deſirer de nouveaux éclairciſſemens à ce ſujet de M. *d'Ulloa*, la réponſe qui eſt venue nous a fait aſſez connoître qu'on n'étoit pas obligé de faire un grand fonds ſur le journal de l'Amiral *de la Fuente* ; & nous croyons qu'on ne peut pas ici exiger d'aucun Géographe, ni par conſéquent de M. *Robert*, d'adopter des faits auſſi peu conſtatés que ceux-là, de même que toutes les rélations où l'on ne trouvera aucun détail de longitude ni de latitude qui ne pourront ſervir à perfectionner cette partie de l'Amérique ſeptentrionale. *Signé*, BOUGUER, LE MONNIER.

Je certifie le préſent Extrait conforme à ſon original & au jugement de la Compagnie. A Paris ce 28 Juillet 1753.

GRAND-JEAN DE FOUCHY, Secrétaire perpétuel de l'Académie Royale des Sciences.